AF326300

HERBORISATIONS POITEVINES.

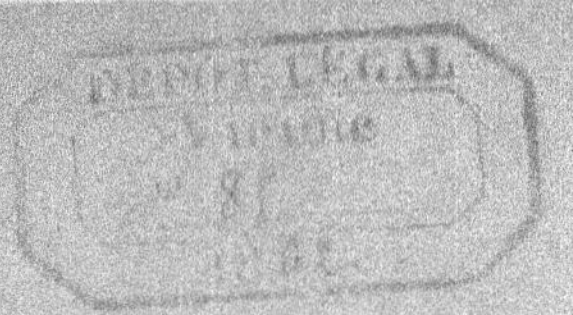

I

Aujourd'hui l'élan est donné : notre jeunesse semble disposée à étudier sérieusement les plantes ; nous connaissons même plusieurs personnes qui veulent embrasser l'ensemble de la science, et qui ne reculent pas devant ce qu'elle offre de plus délicat et de moins facilement abordable.

Ne serions-nous pas trop présomptueux de nous présenter pour fournir, de temps à autre, quelques indications capables de favoriser les recherches entreprises à cette fin, et de les diriger vers les lieux où elles pourraient devenir le plus fructueuses ?

Le rayon habituel de nos herborisations sera assez restreint. Toutefois, nous espérons faire récolter à ceux qui voudront bien nous suivre aux endroits que nous signalerons, la plupart des richesses végétales que d'infatigables devanciers ont trouvées autour de nous. Qui sait même si la crête des murailles de nos rues, et les vieux joints de nos monuments, n'attireront pas spécialement nos regards, malgré le crépissage et le lait de chaux qui tendent à y détruire les productions végétales chères au botaniste, et si une pareille investigation ne nous occasionnera pas d'agréables surprises, condamnées en principe et en germe par l'action administrative ?

Pour le moment, notre promenade et nos recherches seront plus terre-à-terre, si vous voulez bien le permettre ; et malgré l'étymologie peu engageante du nom de Montamisé, nous prendrons la route qui conduit au chef-lieu de cette commune, mais sans avoir l'intention de la suivre jusqu'au bout : les courses les plus longues ne sont pas toujours les plus fructueuses.

Nous aurons pour guide la flore toute spéciale du savant et regrettable M. Delastre, que l'on peut continuer à se procurer à la librairie Létang ; nous en noterons soigneusement la page, à la suite de chaque nom de fleur ; et nous y apporterons discrètement les modifications et les additions rendues nécessaires par les progrès de la science aussi bien que par de récentes découvertes.

Cela dit, entrons bravement en campagne, la boîte de Dillen sur le dos, et le carton sous le bras ; puis marchons sans désemparer jusqu'aux murs de Saint-Eloi. Avant de les atteindre, nous trouvrons sur notre gauche un buisson devant lequel il faut s'arrêter moins pour examiner trois ou quatre espèces de roses , que pour remarquer un pied d'aubépine distincte de l'aubépine ordinaire, si commune dans nos bois et dans nos haies. Elle en diffère par une floraison plus précoce, et par des feuilles plus luisantes, moins découpées, à nervures convergentes, c'est-à-dire tournées vers le sommet de la feuille. C'est l'aubépine digyne ou à deux styles. Malheureusement le nom latin peu euphonique que des savants lui attribuent n'a rien de gracieux. Le dirai-je ? Elle s'appelle... et c'est un français qui lui a donné cette dénomination, elle s'appelle... et c'est Thuilier, le parisien qui a fait cela ! Elle s'appelle *Cratægus oxycanthoïdes Thuil.*

Vous désirez savoir maintenant si le mai commun a un nom moins barbare ; je puis dire hardiment : oui , bien qu'il laisse encore grandement à désirer pour le charme de l'oreille : nous le nommerons donc *Cratægus monogyna Jacq.* ou *C. oxyacantha L.*, et nous le reconnaîtrons à des feuilles profondément découpées, dont les nervures sont divergentes, c'est-à-dire tournées vers la base, et à son style ordinairement unique, tandis que le précédent en a deux, à l'habitude : cette petite rectification demande à être faite au bas de la page 160.

A droite de la route est une prairie artificielle où le ray-grass d'Italie, *lolium italicum Al. Braun*, attire les regards par ses longs épis dont les fleurs sont aristées. Déjà nous l'avions signalé, comme subspontané , auprès du moulin de Danlau et dans les prairies de l'Hopitau, voisines d'Andillé. Cette espèce figure dans notre supplément.

Continuons la promenade, et allons d'un trait jusqu'au point extrême de notre course. Nous suivrons la route ; et l'uniformité des cultures alternatives de vignes, de céréales, de prairies, ne nous offrira le sujet d'aucune observation importante, à moins pourtant que vous n'aimiez à savoir que les champs de gauche qui sont après la *Vallée-au-lait*, étaient le point de départ du professeur Denesle, quand il emmenait ses élèves à la recherche du Pigamon de montagne, *Thalictrum montanum Wallroth*, connu chez nous sous le nom linnéen de *Thalictrum minus*, qui est adopté par notre flore (64), quoiqu'il comprenne deux espèces : le *collinum Wall*, et le *mon:anum*. Ils partaient de là pour aller en ligne droite vers Montamisé en examinant, sur la route, les talus et les monceaux de pierres qui avaient servi d'obstacle aux graines entraînées par le vent et les autres moyens de dissémination naturelle.

Il y a cinq ans, le bon M. Delastre nous ramenait sur les vestiges traditionnels, et, comme lui sous la conduite de son premier maître, il nous mettait en mesure d'observer cette rare espèce que nous y avons revue, ces jours derniers encore, quoique d'autres personnes conduites au même point, n'aient pu la retrouver depuis 1857.

Mais n'anticipons pas, et rendons-nous au bas de la côte qui est un peu plus loin que le Petit-Nieuil. Nous verrons, sur notre droite, une modeste friche où quelques rangs de vigne fort espacés montrent l'intention qu'a le propriétaire d'utiliser cette maigre portion de son héritage. Avec un peu d'attention, nous y découvrirons l'Astragale de Montpellier, *Astragalus monspessulanus L.* (185), et le Lin sous-ligneux, *Linum suffruticosum L.* (74). Là est le commencement d'une station de cette plante qui traverse la route et s'étend, avec une merveilleuse richesse, sur les rideaux pierreux voisins de la propriété qui nous a servi de point de repère ; les coteaux de Mondion, Vellèches, Saint-Romain-sur-Vienne, les Ormes, Buxeuil, Saint-Remy-sur-Creuse, ne nous ont rien offert de plus abondant en ce genre. Je doute même que Paché, et les Lourdines puissent rivaliser avec cette localité qui nous était inconnue, et qui se rattache aux collines de la Vallée-au-Lait tout entière.

Cette espèce n'est pas la seule qui nous engage à un temps d'arrêt sur le point où nous sommes ; nous y récolterons la Kœlérie sétacée, *Kœleria setacea Pers*, que le collet de sa racine, renflé en forme de bulbe, et enveloppé par les gaînes des anciennes feuilles déchirées en réseau, distingue de la Kœlérie à crête, *Kœleria cristata Pers.* (486). Cette production nous rappelait les coteaux d'Anvaux, auprès de Lussac, où nous la trouvions, pour la première fois, il y a près de vingt ans. Ses compagnes sont l'Avóine des prairies, *Avena pratensis L.* (478), la Fétuque à fleurs menues, *Festuca tenuiflora Schrad.* (491), la Fétuque dure, *F. duriuscula L.* (489) de toute taille, mais toujours distincte de celle des brebis, *F. ovina* (488) par des feuilles lisses et par des chaumes striés non anguleux, l'échinaire en tête, *Echinaria capitata Desf* (468), l'Hélianthème pulvérulent et celui des Apennins, *Helianthemum pulverulentum Dc.*, *apenninum Dc.* (110), qui constituent deux variétés de l'Hélianthème à feuilles de pohon, *Helianthemum polifolium Dc.*

Avant de quitter les friches calcaires, examinons les champs cultivés qui sont en contrebas du relief et de l'ondulation du terrain : les fleurs roses de la Shérarde des champs *Sherardia arvensis L.* (224), les corolles bleues de l'Aspérule des champs, *Asperula arvensis L.* (224), la variété naine du Gaille-lait grateron, *Galium Vaillantii Dc.* (220), la Neslie paniculée, *Neslia paniculata Desv.*, (194) qui reporte notre souvenir sur des noms particulièrement chers à la botanique locale, la Caucalide fausse carotte, *Caucalis daucoïdes L.* (213), la Turgénie à larges feuilles, *Turgenia latifolia Hoffm.* (213), aux fruits armés d'aiguillon, sont des espèces variées que nous aimons à recueillir, quoique vulgaires chez nous.

Ainsi en est-il des quatre formes du Silène renflé *Silene inflata Sm.* (114), glabres ou velues, à feuilles larges ou étroites, connues sous les noms de Silène vésiculeux, *S. vesicaria, Schr.*, Silène pubérulent, *S. puberula Jord.*, Silène à longs bras, *S. brachiata Jord.*, Silène des cultures, *S. oleracea Bor.* Tous sont maculés par le *Sphæria dianthi Albert-Schw.*, qui couvre la plante de taches d'un jaune blanchâtre circonscrites par une auréole vineuse. Quelques épis de froment se résolvent en poussière brune par l'effet du charbon, *Ustilago carbo, Tul.* Le Brôme des prés, *Bromus pratensis Ehrh.*, reprend l'ancien nom que le Brôme controversé, *Bromus commutatus Shrad*, et le Brôme à grappe, *Bromus racemosus L.* (494), lui avaient enlevé à tort. Ce dernier n'appartient pas à notre flore; à peine peut-il être rangé parmi les végétaux français les plus septentrionaux, et c'était par confusion avec une forme stricte du Brôme controversé qu'il avait été admis dans la plupart de nos flores générales ou locales.

Recueillons la Vesce des moissons, *Vicia segetalis Thuil* (180), le Mélilot des champs, *Melilotus arvensis Wallr.* (172), la Fumeterre de Vaillant, *Fumaria Vaillantii Lois.* (87), la Fumeterre moyenne, *Fumaria media Lois.* (87), une Fumeterre à gros fruits constatée dans l'Yonne et la Vendée, par MM. Sagot et Gènevier, et rapprochée de la Fumeterre de Wirtgen, *Fumaria Wirgeni Koch*, cette Fumeterre de Wirtgen elle-même, dont le port et la foliation sont ceux de la Fumeterre de Vaillant, mais dont les sépales ont la forme, la grandeur et les dentelures de la Fumeterre officinale, *Fumaria officinalis* (87).

Faisons quelques pas autour d'une vigne environnée de petits murs ou talus en pierres sèches, et entrons dans une chaume calcaire où sont amoncelés deux tas de pierres analogues à ceux que l'on appelle quelquefois des chirons. Dans la chaume, nous récolterons l'Anthyllide vulnéraire au calice renflé, *Anthillis vulneraria L.* (167), la grande Marguerite à petite fleur, *Leucanthemum vulgare micranthum* (236), les Bugranes gluantes et de Columna, *Gnonis natrix L. et Columnœ All.* (167), le Trèfle rouge, *Trifolium rubens L.* (168), avec son élégante tige et son épi éclatant.

A travers les monceaux de pierre eux-mêmes nous recueillerons le Pigamon de montagne, *Thalictrum montanum Wallr.* (64), dont nous avons déjà parlé et signalé la rareté. Ses feuilles glauques en dessous, les quelques glandes qui accompagnent sa panicule pruineuse, son calice à sépales membraneux sur les bords, à large liséré violet autour, et à stries violettes en son milieu, ses étamines pendantes, jaunes, et à mucron violacé, sa tige flexueuse, garnie à la base de gaînes aphylles, lui impriment son cachet distinctif et caractéristique. Dans certains pieds plus ombragés et venus au nord, nous lui avons vu des feuilles à folioles aussi larges que celles du Pigamon à feuille d'ancolie, *Thalictrum aquilegifolium L.* Sur les tiges des années précédentes croissait le *Peziza alboviolascens Alb-Schw*, et sur les feuilles vivantes du Sainfoin cultivé, *Onobrychis sativa Lam.* (185) des plaques noires constituaient le *Rhytisma onobrychis Fr.*

Sur la terre de la friche croissait le *Cetraria aculeata Fr.*, avec ses petites frondes buissonneuses aculéolées, et qui est chez nous le représentant du lichen d'Islande, *Cetraria Islandica Ach*, puis le *Cladonia endiviæfolia Fr.*, aux feuilles jaunâtres et découpées, facilement recroquevillées par la sécheresse, ainsi que le *Cladonia furcata Schœr.*, aux dispositions rameuses et aiguës. Sur les pierres amoncelées apparaissaient les couches noires du *Pannaria trip'ophyla Ach.*, les plaques jaunes du *Placodium murorum Dc*, les dépressions régulières occasionnées par l'action rongeante des scutelles du *Lecidea calcivora Nyl.*

Avec ces lichens on voyait des mousses peu exigeantes au point de vue de l'humidité, telles que l'*Hypnum molluscum Hedw*, l'*Hypnum chrysophyllum Brid* la *Camptothecium lutescens Schimp*, le *Barbuta tortuosa Web et Mohr*, et le *Leptotrychum trichophyllum Hamp.*

Mais laissons de côté ces noms agaçants, et reposons nos yeux sur l'humble et parasite Thésion rampant, *Thesium humifusum Dc.* (372), sur le Géranium brillant, *Geranium lucidum L.* (72), qui vit dans les pierrailles où l'on admire son calice gaufré, et sur le Géranium pourpré, *Geranium purpureum Vill.* (72), dont les fleurs, la tige et le feuillage concourent à lui valoir ce nom. Longtemps cette espèce a été réunie comme variété au Géranium herbe-à-Robert, *Geranium robertianum L.*; mais ses fleurs plus petites, plus uniformément roses et non striées de violet, ses anthères constamment orangées, avant comme après l'anthèse, et non pas rouges, puis brunes après la fécondation, enfin les veines délicates de ses fruits non réticulées, lui établissent des caractères persistants qui le spécialisent, mais aussi qui s'appliquent à toutes les formes qui s'y rattachent, bien qu'on ait voulu les en séparer à l'aide de marques différentielles trop souvent confondues sur un même pied, qui pourrait devenir ainsi mi-partie *Geranium Lebelii Bor*, *semi-glabrum Jord*, *modestum Jord.* et *minutiflorum Jord.*. Arrêtons aussi nos regards sur la curieuse floraison de l'Aristoloche clématite, *Aris-*

tolochia clématitis L. (373), dont les fleurs jaunes et
en cornet oblique renferment des étamines sessiles
au-dessous des stygmates, et protègent la fécondation
d'un ovaire qui se développera en capsule grosse et
pyriforme.

Et maintenant, mes jeunes compagnons, revenons
tranquillement sur nos pas, et si la promenade que
nous avons entreprise ne vous a pas trop fatigués, ou
si nos remarques ne vous ont pas semblé trop arides,
laissez-nous espérer que vous voudrez bien vous con-
fier encore à notre direction, et que nous aurons quelque occasion nouvelle de vous procurer des plantes
rares ou litigieuses. Vous savez que le nombre de
celles-ci s'est considérablement accru dans ces derniers
temps, sous l'influence des études parfois bien sub-
tiles et bien minutieuses de nos modernes Linnés.

Poitiers. — Imprimerie de HENRI OUDIN.

HERBORISATIONS POITEVINES.

II

Après quelques semaines de repos, nous allons nous remettre en campagne, et poursuivre nos promenades scientifiques. Suivant la promesse que nous en avons faite, nous nous écarterons fort peu de la ville. Nous sortirons tout bonnement par la Porte-de-Paris ; nous remonterons la route de La Roche jusqu'au bureau de l'octroi, puis nous détournerons sur le chemin qui conduit à Pont-Achard, et qui longe la Boivre. Nous suivrons cette route jusqu'au sentier qui traverse les prairies de Pont-Achard, à la suite d'une oseraie assez récente, et qui nous ramènera vers la Porte-de-la-Tranchée et le parc de Blossac, par lequel nous rentrerons chez nous.

Aujourd'hui, nous ajouterons à notre bagage habituel une canne recourbée en crosse, qui nous permettra d'attirer à nous les plantes intéressantes que nous apercevrons dans les fossés ou dans les points peu accessibles des cours d'eau auprès desquels aura lieu une bonne partie de notre herborisation. Du reste, nous ne courons aucun risque de nous mouiller même l'extrémité des pieds, à moins que nous n'y apportions du parti-pris ou le manque de prudence et d'attention des enfants terribles.

Dès le début, en montant la rampe de La Roche, nous tâcherons de retrouver, à gauche ou à droite de la route, le Podosperme Chaussetrape, *Podospermum calcitrapifolium* DC. (269) (non Vahl.), que MM. Grenier et Godron appellent Podosperme décombant, *Podospermum decumbens* Gr. et Godr., employant un nom spécifique destiné à faire bien ressortir le caractère qui distingue cette espèce de la forme à larges feuilles du Podosperme lacinié, *Podospermum laciniatum* DC. qui est toujours stricte, tandis que le Pod. décombant, a la tige d'abord couchée puis redressée.

Cette très-rare espèce de nos contrées disparaît et revient alternativement, comme on l'a plusieurs fois constaté, avant et depuis la publication de notre Flore.

Si nous levons nos regards vers les rochers entamés par la mine qui sont à notre droite, nous verrons à leur sommet et sur leur pente le Figuier commun, *Ficus Carica* L. (383), le Micocoulier du Midi, *Celtis australis* L. (335) dont on utilise le bois souple et dur des rejetons fournis par ses touffes, à faire des manches de fouet connus des cochers sous le nom de Perpignans qu'ils portent dans la carrosserie. On y voit également le Chêne-Yeuse ou Chêne-Vert, *Quercus Ilex* L. (388), un représentant, lui aussi, des plantes méridionales qui se plaisent sur nos coteaux brûlants.

Le long du mur des jardins de gauche, nous trouverons la Capselle rougeâtre, *Capsella rubella* Reut. La plante y prend une teinte pâle qui ne lui est pas ordinaire. Mais ses pétales à peine plus longs que le calice, et ses fruits dont les côtés sont arqués en dedans, la font promptement reconnaître. Auprès de cette espèce assez récemment signalée à l'attention des botanistes, et qui est fort commune sous sa forme typique, on voit la variété de la Capselle bourse-à-pasteur à fruits étroits, *Capsella Bursa-pastoris* Mœnch, var. *Stenocarpa* Crépin (101). Là encore les feuilles du Géranium fluet, *Geranium pusillum* L. (71) sont maculées de rouge sur leur bord, et ont le dessous des taches garni d'une mucédinée nommée *Dispora nivea*, à la page 30 des *Nouveaux faits botaniques*, publiés dans le compte-rendu des *Assises Scientifiques* de Poitiers, en 1857. Desmazières l'appelle *Selenosporium minutissimum* au n° 456 de la 2e série des *Crypt. de France*.

Si nous descendons à un petit lavoir, nous trouverons la Calépine de Corvinus, *Calepina Corvini* Desv. (104), et la Sabline à tige grêle, *Arenaria leptoclados* Guss., longtemps confondue avec la Sabline à feuilles de Serpolet, *Arenaria serpyllifolia* L. (120). On aperçoit celle-ci au détour de la rue qui précède le bureau d'octroi ; elle diffère de l'autre par la brièveté de ses pédoncules, la grosseur et la force de ses capsules qui résistent à l'écrasement, tandis que celles de la Sabline à tige grêle s'affaissent aisément sous la pression de l'ongle. Nous pourrons vérifier l'exactitude de ce caractère que M. Crépin a mis le premier en relief, tout le long de notre promenade où l'*Arenaria leptoc'ados* est très-abondante.

Suivons notre route, et marchons jusqu'aux rochers taillés à pic où le chemin est établi entre eux et la Boivre. Le Pastel des teinturiers, *Isatis tinctoria* L. (104) y suspend les grappes fournies de ses longues et larges silicules. Dans l'enclos et les dépendances de la gare du chemin de fer, il est très-abondant ; et l'on dirait qu'il a été l'objet d'une récente culture. Cette plante nous offre un intérêt tout particulier, s'il est vrai, comme le témoigne Pline suivi par Poiret et les auteurs modernes, que les anciens *Pictes* aient tiré leur nom de l'usage qu'ils avaient contracté de se peindre le corps avec la couleur qu'on en retire. Ce végétal est naturel à nos terrains calcaires et à nos chaudes expositions ; jusqu'au seizième siècle, il donnait lieu à un important commerce qui a été abandonné au moment de l'importation de l'indigo en Europe, pour reprendre durant les guerres du premier empire et l'interruption de nos relations commerciales. Le progrès des sciences physiques et les procédés perfectionnés que l'on applique à la fabrication de la teinture de pastel rendirent alors, et pour quelque temps encore, cette industrie avantageuse et lucrative.

A côté de la plante économique nous remarquerons le Lin à feuilles menues, *Linum tennifolium* L. (74) assez ressemblant au Lin souligneux, *Linum suffruticosum* L. (74), mais qui s'en distingue parce qu'il est entièrement glabre et non pubérulent ; nous remarquerons également le Gaillet blanc, *Galium album* Lam. que notre Flore (221) rapporte à la Mollugine, Galium Mollugo L. avec lequel ses pédicelles dressés et non divariqués ne permettent pas de le confondre.

Sur les mêmes rochers nous récolterons deux espèces de Pimprenelle, autrefois réunies sous la dénomination de Pimprenelle Sanguisorbe, *Poterium Sanguisorba* L. (156.) La première avait été déjà distinguée par Desvaux qui lui avait faussement attribué le nom de pimprenelle hybride, *Poterium hybridum* L., auquel on a substitué celui de pimprenelle de Westphalie, *Poterium Guestphalicum* Bœnng. Elle est facilement reconnaissable à sa tige velue et à ses fruits oblongs dont les bords sont épais et peu saillants. La seconde espèce est la Pimprenelle à larges crêtes, *Poterium platylophum* Jord. Ses fruits ont quatre ailes en forme de crête dont la largeur dépasse la moitié de celle du fruit, la tige et les feuilles en sont entièrement glabres.

Le long de la route est une abondante station du Brôme de Madrid, *Bromus madritensis* L. (496) qui se distingue des espèces voisines par sa panicule serrée et par ses tiges glabres, rudes au sommet ainsi que les pédoncules. Il est peu rare autour de Poitiers.

A l'entrée du chemin qui longe les prés de Pont-Achard, nous voyons de beaux pieds de Sauge Verveine, *Salvia Verbenaca* L. dont les fleurs petites ont la lèvre supérieure non comprimée. Elle atteint là une taille bien plus développée que sur les pelouses calcaires où elle croît habituellement. Dans les fossés on aperçoit le cresson officinal, *Nasturtium officinale* R. Br. (94) sous les trois formes qu'il prend, suivant la profondeur de l'eau et la nature du sol, et qui sont rarement réunies au même lieu, celle à feuille de Berle *b. siifolium* Reich, celle à petite feuille *c. microphylum* Bor., celle qui constitue le type *a. genuinum*.

Au même lieu nous trouvons la Scrophulaire de Balbis, *Scrophularia Balbisii* Horn., autrefois réunie à la Scrophulaire d'Erhart, *Scrophularia Ehrharti* C. Stev. sous le nom de *Scrophularia aquatica* L. La première est plus commune dans nos contrées, l'autre plus ordinaire en Allemagne et dans les pays du Nord où on la reconnaît à la languette de la lèvre supérieure de sa corolle échancrée en deux lobes arrondis, divergents, et à ses bractées linéaires aiguës; tandis que la plante de nos endroits a une languette entière, à peine échancrée, et des bractées oblongues, obtuses.

Les prairies sont émaillées des larges fleurs du Salsifis oriental, *Tragopogon orientalis* L. qui a été longtemps pris en France pour le Salsifis des prés, *Tragopogon pratensis* L. à cause de sa station. La description que Linné lui-même nous donne de la fleur de ces espèces nous fournit leur caractère différentiel : calice plus court que les rayons de la corolle, Salsifis oriental; calice égal aux rayons de la corolle ou plus long qu'eux, Salsifis des prés. Celui-ci est de beaucoup le plus rare chez nous. Nous ne l'avons trouvé nous-même que sur un seul point, dans l'arrondissement de Châtellerault, et nous savons, seulement par ouï dire qu'il existe aussi dans celui de Montmorillon. Nous ne le connaissons pas encore aux environs de Poitiers. Nous remarquerons en passant, avec *Jacquin* et *Murray*, que la terminaison masculine du mot Tragopogon doit être préférée, comme plus régulière, à la terminaison neutre employée par Linné, et qu'il faut dire *orientalis* ou *pratensis*, et non pas *orientale* ou *pratense*.

La Renoncule acre, *Ranunculus acris* L., est encore une plante que l'on croit généralement abonder dans les prairies ; et cependant elle est très-rare chez nous. On prend communément pour elle la Renoncule que Jordan a dédiée à Boreau, *Ranunculus Borœanus*. Jord., qui est la forme de multifide de Candole à laquelle Reichenbach a consacré la table XVI bis de son ouvrage iconographique, et qui est distincte du type dont le bouton d'or des jardins est la forme à fleur pleine. Andréossi l'avait publiée sous le nom de Renoncule de Steven, *Ranunculus Steveni* Andrz, et Jordan la donne comme le véritable R. *Acris* de Linné (61). Si l'abondance avec laquelle la plante croît dans nos contrées était un argument décisif, comme le proposent quelques botanistes, assurément on devrait prendre pour type du *Ranunculus acris* notre *Ranunculus Borœanus*; mais il faut voir de préférence si c'est cette espèce qui fait le fond des prairies où herborisait Linné quand il a créé la sienne. Il est permis en effet de croire que la plante linnéenne est plutôt septentrionale qu'elle n'appartient aux contrées du Centre et du Midi ; car sa fréquence chez nous n'implique pas celle qu'elle peut avoir en d'autres lieux.

Sur les côtés du chemin nous trouvons l'Agropyre rampant, *Agropyrum repens* P. B. (499), et sa variété longuement aristée que l'on appelle *Leersianum*, du nom de Leers qui l'a signalée et figurée le premier.

Arrivés au petit pont qui nous servira de passage pour traverser la prairie, nous apercevrons nageant dans l'eau les premières touffes de phyllodes de la Sagittaire à feuille en flèche dont parle M. Delastre (403) ; à côté se voient également quelques touffes de feuilles flottantes du Scirpe des lacs ou jonc des tonneliers, *Scirpus lacustris* L. (448). Ces deux sortes de feuilles

sont bien plus abondantes dans le bras de droite qui
coule de l'autre côté de la prairie.

En 1848, M. Charles des Moulins avait attiré l'attention des botanistes sur cette forme feuillue du Scirpe des
lacs, et publié une Note à son occasion dans les actes
de l'Académie des Sciences, Belles-Lettres et Arts de
Bordeaux qui parurent l'année d'après. M. Mauduyt,
notre conservateur du cabinet d'histoire naturelle, lui
écrivit pour lui annoncer qu'il avait observé depuis
longtemps le développement des mêmes feuilles rubanaires dans le Clain, la Clouère et autres petites rivières
du département. Il se rappelait même l'avoir dit à l'auteur de notre Flore, M. Delastre, qui apparemment, ne
crut pas à son observation, car il n'en parle pas dans
son savant ouvrage.

On pourra peut-être trouver extraordinaire que
M. Delastre n'ait pas tenu compte du fait qui lui était
signalé, et qui semble si facile à vérifier. Mais toute
surprise cessera en se rappelant les circonstances dans
lesquelles se trouvait l'auteur de notre Flore, son éloi-
gnement de Poitiers, au moment où on publiait son
travail et la prière qu'il avait adressée à tous ceux qui
s'intéressaient à cette publication, d'accompagner les
renseignements qu'ils auraient la complaisance de lui
communiquer, d'échantillons bien caractérisés à l'ap-
pui de leurs observations. Auteur consciencieux, M. Delastre ne voulait pas s'exposer à introduire dans son
ouvrage des documents sur l'authenticité desquels il
eût pu concevoir des doutes. Dans le cas présent, ces
doutes étaient d'autant plus légitimes que les phyllodes
de Sagittaire se trouvent abondamment dans la Boivre
et le Clain où il les signale tout le premier, et pou-
vaient y devenir l'objet d'une seconde méprise, puisque nous savons qu'on les lui avait déjà indiquées comme
feuilles de Vallisnérie. Cette confusion d'ailleurs n'est
pas exclusivement propre aux observateurs poitevins,
et nous en voyons plus d'une trace dans les auteurs qui
l'attribuent à d'habiles et savants naturalistes abusés
par la similitude de végétation des deux plantes aqua-
tiques, et par l'absence d'organes floraux capables de
rendre leur différence manifeste. MM. Cosson et Ger-
main ont donné une preuve de ce qu'il y a de frappant
dans cette ressemblance et de l'illusion qu'elle peut

produire, en appelant la Sagittaire dont les feuilles sont réduites à l'état de phyllode : Var. *b. Vallisnerifolia*, variété à feuilles de Vallisnérie.

Laissons dire à M. Ch. des Moulins par quelles circonstances il fût amené à la confusion autrefois commune et comment il en fût retiré. Nous empruntons ces phrases instructives et gracieuses à la Note de 1849 dont nous avons déjà parlé :

« En décembre 1822 j'avais obtenu la permission de
» travailler dans les galeries de botanique du Mu-
» séum, dont deux savants vénérables, Desfontaines
» et Deleuze, rendaient l'accès si facile aux jeunes
» botanistes. Je visitai l'herbier connu sous le nom
» d'*Herbier de France*, dont le fonds avait été laissé au
» Muséum par l'illustre Aug.-Pyr. de Candolle. Un
» échantillon y figurait, déposé je ne sais par qui (*Da-
» libard ex Vallot in Ch. des Moulins*, Cat. de la Dordo-
» gne 1859, p. 309), sous le nom de *Vallisneria spira-
» lis*. Je ne connaissais alors de cette plante célèbre
» que l'histoire de ses poétiques amours; mais je fûs
» étonné de ce que la loupe elle-même ne me montrait
» aucun des cils qui devaient border ses feuilles.
» J'étais trop inexpérimenté pour m'arrêter bien sé-
» rieusement à si peu de chose, et lorsqu'en 1824, du
» haut du pont romain de Saintes, détruit mainte-
» nant, je vis le lit de la Charente pour ainsi dire rem-
» pli de *bancs* de la même plante, je restai convaincu
» que j'avais, sans pouvoir y atteindre, la Vallisnérie
» sous les yeux.

» Rien n'est beau, dans une eau transparente et
» pure, comme ces énormes masses de feuilles *ruba-
» naires, tænioïdes* ou *zostériformes*, comme on voudra
» les nommer, longues d'un à deux mètres (et plus
» peut-être), d'un vert clair et brillant, doucement
» et également balancées par un courant rapide, sans
» jamais perdre le parallélisme qui leur est imprimé
» par le *fil de l'eau*. Il n'est pas besoin d'une imagina-
» tion bien poétique pour retrouver là et dans les
» phénomènes analogues, la barbe verdâtre des vieux
» fleuves, la longue et gracieuse chevelure des Naya-
» des et des Ondines. Il n'est pas besoin non plus de
» beaucoup d'indulgence pour excuser facilement
» l'erreur qui a fait attribuer ces feuilles, dont l'ori-

» gine était inconnue, à la Vallisnérie dont les orga-
» nes reproducteurs sont si fugaces , et qui, croyait-
» on alors, représentait seule cette forme de végéta-
» tion dans les eaux douces.

» Entre 1825 et 1830, je découvris, dans les cours
» d'eau très-lents qui sillonnent les grands marais au
» nord-ouest de Bordeaux, que les pétioles inférieurs
» de la Sagittaire, courbés par le courant, s'allongent,
» s'amincissent et se développent, *privés de limbe*,
» sous cette forme semi-transparente et rubanaire ;
» leur extrémité est *obtuse*. Je me suis procuré et j'ai
» même donné à quelques correspondants des échan-
» tillons (peu faciles à obtenir) qui portent à la fois
» ces *processus tænioïdes* ou phyllodes et les feuilles
» normales, sagittées, de la plante à laquelle ils appar-
» tiennent.

» Heureux d'échapper, par cette observation, à une
» première erreur, je me jetai bien vite dans une au-
» tre, et je demeurai convaincu, cette fois, que les
» Nayades de la Charente étaient coiffées de Sagittaire.

» Depuis 1840, j'ai souvent aperçu dans la Couse,
» traversant cette petite rivière sur un pont nouvel-
» lement construit, des masses de feuilles rubanaires,
» moins considérables, mais parfaitement semblables
» du reste à celles de la Charente..... Pendant l'été de
» 1846 en traversant le pont de la Couse *avant la fin*
» *de juillet*, époque à laquelle les tonneliers et les
» rempailleurs font récolter les chaumes fleuris du *Scir-*
» *pus lacustris* ; ceux-ci sortaient visiblement des
» masses de feuilles rubanaires. Enfin au commence-
» ment de juillet de cette année 1848, je suis arrivé à
» posséder la preuve directe et matérielle du fait...,
» des rhizômes rampants portant à la fois 1° des chau-
» mes fleuris garnis de leurs gaînes dont la supérieure
» ou les supérieures tendent plus ou moins à revêtir
» l'apparence foliacée ; 2° des chaumes stériles garnis
» des mêmes appendices ; 3° enfin des rosettes de
» feuilles rubanaires, sans mélange de chaume.... Ces
» feuilles sont complétement planes, sans nervures, li-
» néaires, et se rétrécissent en une pointe assez aiguë. »
» Cette dernière remarque rapprochée de celle qui
constate que les phyllodes de la sagittaire sont obtuses, nous offre un moyen facile de distinguer les deux

sortes de feuilles rubanaires de la Fléchière et du Scirpe ;
la couleur et la transparence des tissus est également
différente dans l'une et dans l'autre, puisque celui de la
Sagittaire est plus lâche et d'un vert plus tendre que le
tissu du Scirpe ou Jonc des tonneliers :

Le large fossé qui coupe la prairie est garni de Né-
nuphars blancs (83) dont les feuilles sont arrondies, à
peine émarginées au sommet, et dont le stygmate a 18
divisions et plus. Ses sépales ont intérieurement une
teinte rose que l'on retrouve sur l'extérieur des pétales. Ce sont les caractères par lesquels M. Millet, d'An-
gers, désigne sa variété rose du Nénuphar blanc que
M. Boreau élève au rang d'espèce sous le nom de Nénuphar de Millet, *Nenuphar Milletii* Bor. (in catal pl. de
Maine-et-Loire, 1859). Les feuilles fortement émarginées au sommet, les pétales blancs et le stygmate à
16 divisions feront aisément reconnaître l'autre variété
à qui M. Boreau donne le nom de Nénuphar mélangé,
Nenuphar permixta Bor. l. c.

Dans le même fossé on trouve la forme pectinée du
Myriophylle verticillé, *Myriophyllum verticillatum* L. *b.
pectinatum* DC., et le Myriophyllum en épi, *Myriophyllum spicatum* L. On trouve également le Chara à longues bractées, *Chara longibracteata* Walm., le Chara
hispide, *Chara hispida* Sm. aux tiges hérissées et ro-
bustes, enfin la Nitelle mucronée, *Nitella mucronata*
Kutz. Var. *heteromorpha* Al. Br.

Le long du sentier qui ramène à la Porte-de-la-Tranchée, nous recueillerons sur les murs et les pierres
l'*Eurynchium circinnatum* Sch. *Hypnum circinnatum*
Brid. Cette mousse est très-commune sur les murs et
les rochers où elle demeure toujours stérile autour de
Poitiers, et où elle a été signalée dès l'époque de notre
congrès scientifique de 1834. M. de Brébisson l'avait
remarquée et désignée sous le nom d'*Hypnum strigo-
sum* Hoffm. Actuellement on la distingue de cette espèce par ses rameaux arrondis que la sécheresse con-
tourne et recourbe en cercle. Sa fréquence sur les
bords de la Méditerranée lui avait fait donner par Schim-
per le nom d'*Hypnum mediterraneum*. Partout où elle
croît on ne la trouve que très-rarement fructifiée. A
côté d'elle, et sur le tronc moussu d'un vieux lierre,
nous avons pris l'*Amblystegium subtile* Sch. *Leskea sub-*

tilis Hedw., *Hypnum subtile* Hoffm. Cette mousse élégante, très-rare dans les pays de plaine, préfère la région subalpine. Elle demeure stérile chez nous, elle aussi.

Encore quelques pas, et nous serons à la verte promenade de Blossac ; nous tâcherons d'y voir la Caméline cultivée, *Camelina sativa* Crantz. Cette espèce que Desvaux assure avoir trouvée dans les moissons de *Chilvert, près la Tranchée* (100) et que l'on ne cultive pas auprès d'ici, a été vue et récoltée par nous au mois dernier, dans une pièce verte, à côté du café qui est vis-à-vis la tribune des musiciens. Une pareille station exclut évidemment toute idée de culture, sans expliquer l'origine des graines auxquelles nos échantillons doivent naissance.

Poitiers. — Imprimerie de Henri Oudin.

HERBORISATIONS POITEVINES.

III

Si nous en croyons une annonce des *Annales de la Société botanique de France*, la grande herborisation que M. Chatin fera cette année dans les Hautes-Pyrénées, s'arrêtera peut-être quelques instants à Poitiers pour en explorer les environs immédiats.

Nous serons très-heureux de venir en aide à ceux qui se rangeront sous la conduite du savant professeur, en leur fournissant quelques indications qui pourraient en même temps devenir utiles à ceux qui veulent bien porter quelque intérêt à nos propres recherches, et recueillir les plantes que nous signalons à leur curiosité studieuse.

Le but que les botanistes voyageurs se proposent est de trouver réunies, sur un point assez restreint et assez voisin de la ville, les espèces rares et caractéristiques qu'ils destinent à enrichir leurs collections. Nous croyons donc entrer dans leur intention et la bien interpréter en commençant notre troisième herborisation au lieu où nous avons laissé la seconde. Ainsi, nous explorerons Blossac et les coteaux qui environnent cette promenade unique par le charme de sa position et le magnifique panorama qu'elle déroule aux yeux des promeneurs.

Dans le parc même, et le long des murs de droite, nous apercevons en pleine fleur la Garance des teinturiers, *Rubia tinctorum* L. (220), qui a pu jadis y être naturalisée, comme l'observe l'auteur de notre Flore, mais qui s'y conserve désormais sans réclamer de soins spéciaux. Depuis quelques années, elle a été signalée au milieu des décombres du vieux château de Chauvigny. En dehors de l'enceinte, le long du nouveau boulevard, et dans l'emplacement de l'ancienne corderie, nous trouvons la Sauge Verveine, *Salvia verbena-*

ca, L. (303). L'Odontite de Jaubert, *Odontites Jaubertiana*
Bor. (335), la Campanule érine, *Campanula erinus* L.
(277), le Brôme de Madrid, *Bromus madritensis* L. (496),
et la Pimprenelle de Westphalie, Poterium *Guestphalicum Bœnny*.

Sur les murailles de la tour à l'Oiseau, c'est-à-dire
celle qui forme l'angle des façades orientale et méridionale, nous remarquons l'Œillet Giroflée, Dianthus
caryophyllus L. (112), qui est fréquent sur nos rochers,
et, le long des murs du midi, le Calament Népéta, *Ca-
lamintha Nepta Clarville* (306).

Après le boulevard, dans les coteaux de Tison, un
simple coup-d'œil nous montrera d'autres représentants
de la Flóre méridionale qui croissent ici spontané-
ment, et dont la récolte exigera de nous un détour
sans lequel nous ne pourrions les atteindre autrement
que du regard. C'est d'abord le Micocoulier du Midi,
Celtis australis L. (385), le Figuier de Carie, *Ficus carica*
L. (383), le Coignassier commun, *Cydonia vulgaris*
Pers. (161), les Ormeaux glabre et nain, *Ulmus glabra*
Mill, et *minor* Mill. (885), le Nerprun Alaterne, *Rham-
nus Alaternus* L. (189), le Fenouil officinal, *Fœniculum
officinale* All. (203), et la Mélique des Nébrodes, *Melica
Nebrodensis* Parl. (506).

Autrefois, au même lieu, prospérait l'Echinope à tête
ronde, *Echinops sphærocephalus* L. (247), qui n'y est
plus aussi apparent aujourd'hui ; mais il est assez commun à Montmorillon, sur les coteaux de Concyse, pour
que M. Chaboisseau l'ait récolté en nombre, et fourni
aux centuries de M. Chalz.

Sur les rochers de Tison, et en remontant le Clain
jusqu'au bout du faubourg de la Tranchée, nous récolterons une graminée qui vient de se révéler tout
dernièrement à nous, je veux dire l'Avoine barbue,
Avena barbata, Brotero, que sa taille plus grèle, l'al-
longement de son callus et la double arète qui ter-
mine sa glumelle extérieure distinguent très-nettement
de l'Avoine folle, *Avena fatua* L. (479), avec laquelle
elle avait été confondue, de même que l'Avoine de
Louis, *Avena Ludoviciana* Dur., dont la distinction
chez nous remonte au mois de juillet 1857. Alors, en
effet, les moissons de tous nos arrondissements nous
l'ont montrée très-abondante, dès que les caractères

différentiels ont eu frappé une première fois nos regards.

Puisque l'Avoine barbue, cette nouvelle et bonne
conquête de notre Flore, nous appelle aux coteaux de
La Roche, descendons à la Cagouillère ; sur notre droite,
nous verrons la Rue Fétide, *Ruta graveolens* L. (63),
l'Orpin réfléchi à teinte glauque, *Sedum reflexum* b. *glau-
cum* (134), Kch. que Koch pensait être l'Orpin des rochers, *Sedum rupestre* L., et dont les pétales sont d'un
jaune-serin, tirant sur le vert; plus loin ce sera l'Orpin
à pétales droits, *Sedum anoptetalum* Dc. (134), et dans
les puits des jardins bas, une charmante fougère qui
revêt les grottes de Passe-Lourdain, mais qui forme là
un élégant tapis de verdure : je veux dire l'Adianthe
Capillaire, *Adianthum capillus veneris* L.

Ce serait abuser des instants comptés aux touristes
que de chercher à les entraîner plus loin, jusqu'à ces
mêmes rochers de Passe-Lourdain et de Saint-Benoît,
sous prétexte de voir sur place d'autres raretés que
nous n'avons pu examiner et récolter dans nos premières investigations, comme le Filaria moyen, *Phyl-
lirea media* L. (283), le lin en corymbe, *Linum corum-
bulosum* Reichenb. (73), le Chardon crépu, *carduus cris-
pus* L. (252), plusieurs encore dont l'énumération de-
vient sans objet, puisque nous ne pouvons pas aller les
visiter et en emplir nos cartons.

Ce que nous voyons aujourd'hui ; ce que l'on nous
fait soupçonner pour une autre fois ; ce que chaque
saison apporte de modifications aux produits végétaux
des riches localités, nous donnera peut-être le désir de
reprendre nos promenades avec des loisirs plus éten-
dus ; études et collections se trouveront parfaitement
d'une semblable détermination prise par les botani-
tes étrangers et indigènes.

Poitiers. — Imprimerie de HENRI OUDIN.